DU
VITALISME

EN

PHYSIOLOGIE COMME SCIENCE

PAR

J.-ÉMILE FILACHOU

Docteur ès Lettres.

> « Les hommes de génie sont ordinairement les premiers, ou à découvrir la vérité, ou à l'embrasser lorsqu'elle est présentée par d'autres.
>
> Montucla.

MONTPELLIER

LÉPINE (Ancienne Maison Seguin)
Rue Argenterie, 25.

PARIS

DURAND & PEDONE-LAURIEL
Rue Cujas, 9.

1888

DU VITALISME

EN

PHYSIOLOGIE COMME SCIENCE

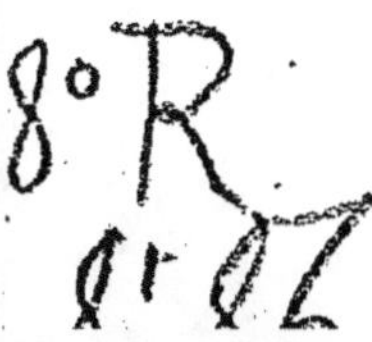

DU

VITALISME

EN

PHYSIOLOGIE COMME SCIENCE

PAR

J.-ÉMILE FILACHOU

Docteur ès Lettres.

> « Les hommes de génie sont
> ordinairement les premiers, ou
> à découvrir la vérité, ou à
> l'embrasser lorsqu'elle est pré-
> sentée par d'autres.
>
> MONTUCLA.

MONTPELLIER	PARIS
LÉPINE (Ancienne Maison Seguin)	DURAND & PEDONE-LAURIEL
Rue Argenterie, 25.	Rue Cujas, 9.

1888

AVANT-PROPOS.

Nous ne savons trop quel jugement le lecteur portera sur ce nouveau travail ; mais nous croyons au moins que tout y découle naturellement de nos principes, et nous sommes persuadé que, si les conséquences en sont aussi justes que les principes vrais, nous aurons, en lui, construit, entre la *pratique* et la *théorie*, ce pont non encore existant, mais infiniment désirable, qui permettra désormais à tout homme qui voudra bien nous suivre de ne plus demeurer confiné dans l'un de ces deux ressorts, comme s'ils ne pouvaient jamais aller ensemble. Après quoi, nous dirons donc au lecteur bienveillant qui nous aura compris, cette seule parole : l'exemple est donné, la voie tracée ; veuillez la suivre et vous aboutirez certainement. Le cadre même *empirique* une fois donné, la *théorie* n'est plus en retard ; et c'est à la *pratique* à venir à sa rencontre et résoudre les inconnues dont elle reste seule l'objectif et la source.

Si d'ailleurs nous ne sommes à ce sujet prévenu par les hommes de l'art, nous essayerons de donner nous-même suite aux premiers aperçus ici proposés, dans un nouveau travail sur *les Sections coniques en ressort médical.*

DU VITALISME

EN

PHYSIOLOGIE COMME SCIENCE

1. Les savants se prévalent souvent un peu trop de leur science. La *science enfle*, dit à bon droit l'Apôtre (1 Cor., VIII, 1); et, parce qu'ils en savent plus que le vulgaire, ils s'imaginent alors aisément qu'ils n'en font pas partie, quand pourtant ils n'en sont en réalité que la tête et sont en conséquence finalement aussi vulgaires que le tout. Il n'en existe pas moins malgré cela de vrais savants s'élevant au-dessus de la foule par la transcendance de leurs connaissances, à la hauteur desquelles il serait bien impossible aux hommes imbus des préjugés du siècle de jamais atteindre; et la raison en est que, comme en

mathématiques il n'y a pas moyen de ne pas distinguer entre les *élémentaires* ou *spéciales* et les *transcendantes*, en *science* la même nécessité de distinction se reproduit entre celle qui n'effleure que la *surface* des choses et celle qui les pénètre *à fond*.

La notion dont l'introduction en numération suffit à constituer ou révéler l'abîme existant entre les mathématiques *élémentaires* ou *spéciales* et les *transcendantes* est celle de l'*infini*, dont les premières sont privées, quand les dernières en font un usage constant. C'est cette même notion de l'*infini* qui fait encore la différence entre la science *transcendante* et la *vulgaire*; mais elle change ici de nom, parce qu'elle y subit des déterminations auxquelles ne se prêtent point de simples concepts mathématiques, exclusivement abstraits ou formels de leur nature. En mathématiques, est *infini* tout terme qu'on conçoit simultanément autant incapable d'augmentation que de diminution. En science absolue, réelle, la même notion reste, mais elle s'y détermine cette fois par l'adjonction simultanée des deux indices de *contradiction* et

d'*identité* dont l'écart intelligible *infini* n'empêche point la réelle superposition *entière* ; ce
qu'on exprime en disant des termes ainsi
confrontés que, autant ils n'ont rien de commun
sous un certain aspect comme *distincts*, autant
sous un autre aspect ils ont tout commun comme
identiques. La science envisageant à ce suprême
point de vue toutes choses est la science *divine*
ou *transcendante* ; la science qui n'y saurait
atteindre et roule sur des concepts essentiellement exclusifs l'un de l'autre comme toujours
spéciaux ou particuliers et jamais généraux, est
la science *naturelle* ou *vulgaire*.

Il ne faudrait point cependant s'imaginer ici
que, comme la science vulgaire est essentiellement incapable de jamais pénétrer les secrets de
la science transcendante, la transcendante est de
son côté pareillement incapable de voir clair en
tout le ressort de la vulgaire ; car, si la science
vulgaire, aveuglée par l'immédiate connaissance
du fini, ne peut rien comprendre en l'infini, la
transcendante éclairée par l'immédiate contem-
plation de l'infini trouve par là même incluse en
soi la connaissance du fini, qui n'en est ni peut

être autre chose qu'une sorte de démembrement
actuel facultatif et contingent. La science vulgaire est ainsi toujours finie par exclusion de
l'infini ; mais la science transcendante est, au
contraire, justement infinie, parce qu'elle n'exclut
de son propre ressort rien de fini quel qu'il puisse
être ; et là nous pouvons déjà trouver le moyen
de bien fixer nos idées sur les *notions vitales*
indispensablement requises en tout essai de
physiologie vraiment scientifique. Ces notions
vitales sont alors celles chez lesquelles, quel que
que soit l'écart régnant (par contradiction, par
contrariété ou par différence) entre tous termes
hiérarchiquement constitués en *genres*, *espèces*
ou *singularités* respectivement irréductibles,
d'une part, ou bien encore entre *genre* et *genre*,
espèce et *espèce*, ou *singulier* et *singulier*, de
l'autre, jamais en elles cet écart ne cesse d'être
compensé dans les mêmes cas par la constante
inhabitation ou superposition du *général*, du
spécial et du *singulier* l'un en l'autre, ainsi que
de *genre* en *genre*, d'*espèce* en *espèce* et de
singulier en *singulier*, parce qu'alors l'Activité
radicale, à la fois principe et siège de tous ces

divers ensembles ou de leurs termes, ne plane
pas moins indivise sur le tout, qu'elle ne se dis-
tribue par parties en ses éléments.

2. La coexistence de l'identité dans la distinction et de la distinction dans l'identité, dont
nous pouvons voir une expression abrégée dans
cette proposition que *tout est en tout*, est trop
contraire aux vues habituelles de la science *vulgaire* pour en pouvoir être admise sans preuve
irréfragable ; mais il y a plus: elle doit s'imposer
avec évidence, pour pouvoir encore servir de base
à la science *transcendante*, autrement impossible;
nous devons donc ici nous appliquer à l'établir
tout d'abord, en l'érigeant même, à cette fin, en
principe absolu suprême ou radical, ne demandant
qu'à être bien compris une première fois pour
pouvoir être ensuite admis sans difficulté partout
et toujours, à la seule condition de ne pas oublier
que rien ne peut dériver — à n'importe quelle
distance — d'un pareil principe absolu, sans en
dépendre — même immédiatement — autant
et plus que des autres sortes de principes secondaires ou relatifs y conduisant graduellement d'une

manière plus prochaine. Et voici pour lors notre démonstration.

La question fondamentale à résoudre présentement est, si l'on veut bien le remarquer, foncièrement double, comme concernant le coexistence originaire — en *qualité*, de l'identique avec le différent, — et en *quantité*, de l'un avec le multiple ; mais, pour la résoudre sous ces deux aspects, nous n'avons pas besoin de les séparer, et, les prenant alors en bloc, nous ferons remarquer que, se constituant l'un et l'autre d'une opposition contradictoire telle que celle de l'un et du multiple dans un cas, de l'identique et du différent dans l'autre, ils impliquent un même mode *absolu* de démêlement dans lequel le contraste s'établit constamment entre un terme toujours censé donné *plus grand* ou *général* respectivement immanent, et plusieurs autres termes *moindres* ou *spéciaux* et *particuliers* respectivement variables de rôle ou de position, ce qu'on ne saurait dire du premier. Or, auquel de ces deux objets, l'un simple et l'autre complexe, de relation, devons-nous attribuer — au double point de vue du réel ou de l'imaginaire — le pas sur l'autre? Pour le savoir, il nous faut déterminer au préalable le caractère de l'Activité radicale capable de les poser, comparer et classer tous deux. Cette Activité-là ne peut être d'abord qu'*une* en soi tant au *subjectif* qu'à l'*objectif*; mais elle est manifestement susceptible de ces deux mêmes rôles objectif et subjectif, et manifestement encore elle est, ou par l'un ou par l'autre, *réelle et imaginaire*, mais spécialement *réelle* au subjectif ou comme *sujet* de relation, ainsi que spécialement imaginaire à l'objectif ou comme *objet* de relation; car il n'y a point de doute que, pour parité de dérivation, le subjectif ne soit constamment, avec l'objectif correspondant, dans le rapport du réel à l'imaginaire. Foncièrement, en effet, l'Activité radicale est, comme *absolument* une, une identité de ce double fonctionnement alors au moins formellement distinct, mais par là même seulement *relatif* à son égard, et de plus alors *imaginaire* sous ses deux aspects. Cependant, comme ces deux aspects s'excluent de fait et qu'ils ne lui sont en conséquence qu'alternativement attribuables, pour peu qu'on veuille examiner en lequel des deux elle peut et doit donner de préférence le pas à l'actif sur le passif ou bien au passif sur l'actif, on reconnaît de suite qu'il revient de droit, en elle, pour l'action, au subjectif, et, pour la passion, à l'objectif : en elle donc, le subjectif prélude donc réellement à l'objectif, bien que coup sur coup et même sans le moindre retard le rôle objectif s'adjoigne forcément au subjectif comme l'effet à sa cause. Imaginons alors d'en représenter par A le rôle *absolu* radical, et par A_1 le rôle *subjectif* réel dont elle s'empare tout d'abord en se faisant, d'*absolue, relative* : l'*objectif* qu'elle contracte en même temps doit s'offrir concurremment sous deux aspects analogues, tout d'abord de leur côté conjoints en un *absolu-relatif* inverse, décomposable à son tour en un *relatif* ainsi qu'en un *absolu* distincts. Figurant actuellement par B_1 cette objectivité tout d'abord *absolue-relative*, nous ne pouvons plus néanmoins — comme la symétrie semblerait l'indiquer — instituer à la suite du couple de termes simultanés et confrontés A_1, B_1, un terme unique B correspondant à l'A primitif absolu. Car ce terme primitif existait en hermaphrodite ; et présentement, à la suite du couple persistant *uni-*

sexualiste ou même *androgynique* A_1, $\dot{B}_1$, nous devons avoir un dernier terme ne tenant pas plus de A_1, que de B_1, ou bien pleinement *neutre* alors, que nous figurerons par C. Toutes ces différentes valeurs de termes, une fois réunies, nous donnent, sous la quadruple rubrique des lettres A, A_1, B_1, C, le tableau suivant :

(Voir pag. 16.)

5. Sur ce tableau, nous commencerons par aire observer l'équivalence du terme radical A mis sous l'une quelconque des deux formes 1^3, 1^∞ ; car la forme 1^3, exprimant le troisième degré de la puissance, est aussi bien indice de réelle infinité que la forme 1^∞, puisque le troisième degré de la puissance comprend — au moins virtuellement — en ou sous lui les deux degrés inférieurs sans pouvoir être jamais compris lui-même en aucun d'eux. Ainsi, toutes les fois qu'un être fonctionne au troisième degré de la puissance, toutes les opérations s'en effectuent absolument de la même manière indépendamment du temps et de l'espace, n'importe quel en est le ressort respectif, *virtuel, formel ou physique.*

A) $1\}_\infty^3$, absolu radical, convertible en double relatif $\begin{cases} \text{réel} \\ \text{imaginaire} \end{cases}$, et type d'*hermaphroditisme*;

A_1) $\begin{cases} \dfrac{\infty}{1}, \begin{cases} \text{imaginaire} \\ \text{réel} \end{cases}, \\[2ex] \dfrac{\infty}{1} + \dfrac{1}{\infty}, \begin{cases} \text{imaginaire} \\ \text{réel} \end{cases} + \begin{cases} \text{réel} \\ \text{imaginaire} \end{cases}, \text{ (types de sexualisme)}; \end{cases}$

B_1) $\begin{cases} \dfrac{1}{\infty} \begin{cases} \text{réel} \\ \text{imaginaire} \end{cases} \\[2ex] \dfrac{1}{\infty} \times \dfrac{\infty}{1}, \begin{cases} \text{réel} \\ \text{imaginaire} \end{cases} \times \begin{cases} \text{imaginaire} \\ \text{réel} \end{cases}, \text{ (type d'androgynisme)}; \end{cases}$

C) $\dfrac{\infty}{1} \times \dfrac{1}{\infty} : \dfrac{1}{\infty} \times \dfrac{\infty}{1} = 1$, (type de *neutralité* finale.

De même, si l'on écrit $1\{{}^{3}_{1}$ ou bien $1\}^{\frac{1}{3}}$, c'est encore comme si l'on avait $1\{{}^{\infty}_{1}$ ou $1\{^{\frac{1}{\infty}}$; et, là, le troisième degré de la puissance marque le *genre* du terme le portant en exposant, quand le premierdegré conjoint en exprime la *personna-lité*. Car la personnalité n'en peut jamais être conçue que comme simple ou réduite à l'unité ; mais le genre, au contraire, en est toujours censé le plus grand ou le plus ouvert possible dans le double sens positif ou négatif. Le Sens radical, par exem-ple, est par lui-même doué d'expansion négative, comme spécialement tout intensif ; et l'Intellect radical jouit inversement d'expansion absolue positive, comme spécialement tout extensif. L'Es-prit neutre offre de son côté par là même, mais seulement à sa façon ou bien imaginairement, ces deux modes inverses d'être ou d'agir.

Dans les formules précédentes, nous voyons donc déjà constamment réunis les *troisième* et *premier* degrés de la puissance, mais nous n'y voyons point encore apparaître ni le *second* ad-joint au *premier*, ni le *premier* seul. Ce n'est pas que, à ces deux sortes de degrés, inférieurs au troisième, ne puisse s'adjoindre un rôle *person-*

nel ; mais, parce que le rôle *personnel* d'alors n'en est plus radical et ne survient conséquemment que par *dérivation* à son heure, il nous amène à concevoir le terme du *second* degré comme engendré du *troisième*, et coup sur coup ensuite le terme du *premier* degré comme émané du *second*. Il y a donc nécessaire subordination des termes du premier degré de la puissance à ceux du second, ainsi que de ceux du second à ceux du troisième, et cela par la nature même des choses alors fondée sur la succession des origines. Les deux concepts de *pleine puissance* et de *rôle personnel* s'offrant toujours associés chez les termes radicaux infinis et simples tout ensemble, que nous dénommions tout à l'heure Sens, Intellect, Esprit — on conçoit que, s'ils ne peuvent radicalement se dépouiller en aucune façon de leur infinie grandeur originaire à titre de *genres*, ni de leur pareillement originaire simplicité de position à titre de *personnalités*, il ne saurait pour cela leur être interdit, en vertu de leur pouvoir discrétionnaire en exercice *objectif*, d'agrémenter en quelque sorte ces premiers avantages *subjectifs* inaliénables, par des déterminations

seulement en apparence ampliatives des uns ou
restrictives des autres, comme la chose arrive
quand on place, à côté d'une grandeur inappré-
ciable, d'autres grandeurs plus petites apprécia-
bles, ou bien encore quand on éprouve la vue la
plus perçante, en la portant sur des objets de plus
en plus petits choisis à cette fin. Mais si cette fin,
inspirée par le besoin ou le désir d'apparaître,
explique ou justifie le recours au changement
des degrés *extrêmes* de la puissance en d'autres
moins absolus ou *moyens*, il n'est pas moins
aisé d'en reconnaître la manière : elle consiste
tout simplement à diminuer, d'une part, d'une
unité l'exposant de la formule 1^3 — ce qui la
convertit en 1^2, et, d'autre part, à grossir inversement d'une unité l'exposant de la formule 1^1
— ce qui la convertit en 1^2 encore. Par restric-
tion ou par ampliation, on obtient ainsi par deux
fois la même position *moyenne* entre les deux
extrêmes haute et basse ou grande et petite, dont
la différenciation ne s'accuse que mieux à l'aide
même des deux mouvements de hausse et de
baisse employés à la mitiger ; en quoi commen-
cent en outre de ressortir ou de se démêler les

rapports jusqu'à cette heure infiniment peu distincts de succession ou de simultanéité qui constituent les relations de sexe ou d'âge.

La subordination des trois degrés de la puissance s'imposant avec trop d'évidence pour n'être point universellement admise, la priorité du supérieur sur le moyen ainsi que du moyen sur le moindre s'en déduit, en ordre sucessif, comme d'elle-même : il n'y a point de doute, en effet (en se référant à la théorie du calcul infinitésimal), que le procédé de différenciation se pratique bien plus facilement que celui d'intégration, d'où il suit que le premier est bien plus œuvre d'art que le second. On différencie bien naturellement ; mais c'est à la condition d'avoir d'avance à sa disposition une intégrale *donnée*, sur laquelle on opère conformément aux règles du calcul : une certaine intégration préalable dispose donc par un *don* de nature à l'opération différentielle naturellement praticable à son tour sur ces *données*, mais avec moins de plénitude, ces données premières étant alors comme deux fois naturelles au double point de vue simultané de *principe* et de *fait* (ou bien de *fait initial*) quand les différentielles en provenant ne le sont qu'une fois à titre de simple *fait*, non de *principe*. Sous ce rapport déjà, la priorité revient donc incontestablement à l'intégrale sur la différentielle ; et, partant de là, nous n'excéderons certainemment en rien, en ajoutant que, à vrai dire, avant le travail de l'esprit sur les données de l'observation tant externe qu'interne, il n'existe dans la nature que des intégrales, et que toutes les différentielles sont des œuvres d'art. Ainsi la formule 1^3 préexiste à sa dérivée respective immédiate 1^2 ; comme à son tour, érigée subsidiairement en intégrale, cette même formule moyenne 1^2 préexiste à la dérivée finale 1^1. Nul mathématicien ou physicien n'a daigné jusqu'à ce jour prendre en considération ce rôle subordonné préalable du *second* degré de la puissance à l'égard du *troisième*, d'où il suit que les deux sont entre eux dans le rapport de l'*espèce* au *genre* ; mais nul au moins ne méconnait ou disconvient que toutes dérivées du *premier* degré se subordonnent aux dérivées du *second* comme tout *fait* à la *force vive* censée le précéder ; et c'est à Leibnitz que nous sommes redevables de cette observation complétive de la précédente, dont la raison est d'ailleurs manifeste. Toute Activité qui produit un certain effet ne peut ne pas dépenser en avoir *subjectif* ce qu'elle acquiert en avoir *objectif*, et réciproquement ; ou bien encore elle perd toujours d'un côté ce qu'elle gagne de l'autre. Car, autrement, elle serait créatrice ; et, si l'on ne peut dénier ce pouvoir créateur aux puissances *générales* du troisième degré déjà reconnues *infinies* et *simples* en elles-mêmes, il n'y a plus moyen au moins de l'attribuer aux puissances *spéciales* du second degré, dont l'œuvre respective se borne à projeter entre les ter.nes *absolus extrêmes* et toujours donnés d'avance sous l'une ou l'autre forme $1\left\{{}^3_1\right.$ et $1\left\{{}^1_3\right.$, des actes ou produits *tendantiels* et *relatifs* de la forme 1^2, propres à combler provisoirement le vide entre les extrêmes, en formant artificiellement la transition de l'un à l'autre.

4 Comprenant maintenant l'absolue nécessité de préposer des puissances absolues $= 1^3$ à toutes puissances relatives ou *forces vives* en dérivant immédiatement $= 1^2$, ainsi que de semblables puissances spéciales ou forces vives $= 1^2$,

à toutes actualités ou vitesses *particulières* $= 1^1$,
— si nous imaginons d'assimiler les premières
puissances personnifiées, à des sphères ou cubes,
— les secondes à des cercles ou carrés, — et les
troisièmes à de simples lignes ou directions,
nous en viendrons aisément à concevoir la possibilité, pour les premières tout d'abord existant
en manière de cubes ou de sphères, d'instituer
en ou sous elles-mêmes les deux modes immédiatement ou médiatement inférieurs d'exercice
par carrés ou cercles, et lignes ou directions ;
nous concevrons également la possibilité, pour les
secondes déjà censées alors réalisées en carrés
ou cercles distincts, d'instituer, en leurs plans
respectifs, des *couples* quelconques de lignes
ou directions, ayant chacun leur résultante formelle variable en raison du sens ou de l'élan avec
lequel elles s'y déploient ensemble ou séparément;
et nous attribuerons enfin aux troisièmes, alors
réduites à s'exercer exclusivement sous forme de
lignes ou de directions déterminées, la simple
possibilité d'y procéder en sens progressif ou régressif avec toute l'ardeur ou vivacité que cette
réduction comporte et dont elles reconnaissent

d'ailleurs par elles-mêmes l'urgence ou l'opportunité. Tels qu'ils sont ainsi constitués en premier lieu, les *genres* absolus, infinis et simples tout ensemble, jouissent donc de l'admirable propriété d'avoir, comme les cristaux, anxquels seuls ils la communiquent d'ailleurs, leur centralité partout et leur contour nulle part ; ce qui revient à dire qu'ils ont pleine liberté tant subjective qu'objective de s'étendre, de l'*un* absolu fondamental, jusqu'à l'infinie grandeur en dessus ou l'infinie petitesse en dessous, en se posant sous les deux formes extrêmes inverses $\frac{\infty}{1}$, $\frac{1}{\infty}$. Mais ils peuvent en même temps, avons-nous dit, vouloir s'arrêter à mi-chemin (en leur allure progressive ou régressive) dans les deux formes intermédiaires $\frac{2}{1}$, $\frac{1}{2}$; et dès ce moment ils sont toujours limités de part et d'autre pour semblable éloignement de l'*un* central et de l'*infini* périphérique ; et chez eux cette limite actuelle n'est plus *absolue* comme tout à l'heure, mais seulement *relative*, puisque — n'importe où s'effectue leur présent arrêt — il ne leur est pas moins loisible de la distancer autant (en temps ou réalité) de l'*un* central, que

(en espace ou représentation) de l'*infini* périphérique ; ce qui revient à dire cette fois que leur
espacement relatif est seulement, des deux côtés,
inassignable ou bien *irrationnel*, au lieu d'être,
comme dans le cas précédent, absolument *imaginaire*. Néanmoins, il leur est encore loisible de
déterminer, en vertu de leur pouvoir discrétionnaire sur l'objectivité phénoménique, la grandeur
positive ou négative de cet espacement ; et cette
grandeur est-elle une fois déterminée par hypothèse, il est bien évident que désormais, ni les
êtres secondaires posés en agents de degré moyen
$= 1^2$, ni les êtres tertiaires du degré le plus bas
$= 1^1$, ne doivent pouvoir, quoique libres, en
modifier en eux-mêmes les données au point de
changer leurs conditions primitives d'existence ;
c'est pourquoi leur pouvoir discrétionnaire respectif consiste en la faculté d'en user diversement
par parties, en faisant, par exemple : d'abord, de
$V^2 = V_1 V_2$ ou $V_2 V_1$, un double couple inverse ;
puis, de $V^1 = + V^1$ ou $- V^1$ alternativement,
un double terme. Et de là résultent alors les deux
principes de mécanique suivants, dont, quoiqu'ils
soient au fond les plus simples du monde, on se

prévaut comme d'une grande découverte de la science moderne, à savoir : que *toute force vive est constante*, et que *tout mouvement une fois introduit se poursuit de lui-même* (sauf empêchement) *uniformément et sans fin dans la même direction.*

De ce que nous déclarons ici ces deux principes les plus simples du monde comme fondés sur la nature même des choses, qu'on ne se hâte point de nous accuser d'en méconnaître ou nier pour cela l'importance, car rien ne peut être plus important que le *naturel,* base obligée de toute œuvre d'art ou d'intelligence. Les envisageant donc à ce point de vue fondamental, nous avons désormais à rechercher les modes d'emploi dont ils sont susceptibles par *art*, au gré de toute puissance intellectuelle et libre, aussi capable d'ailleurs d'en subir volontairement la loi que de les appliquer spontanément à la réalisation de ses propres fins *spéciales* ou *particulières.* S'accommodant à leur cours fatal, cette puissance met à découvert le *centre* (général) *des forces* ; et, les accommodant au contraire à la réalisation de ses propres fins spéciales ou particulières, elle met à découvert les deux *centralités* (pareillement spéciales ou particulières) de *figure* ou d'*action*.

5. Pour la démonstration du *centre* (général) *des forces*, il n'est aucunement nécessaire à la puissance intellectuelle d'intervenir directement; il lui suffit de laisser agir la *nature* qui le révèle alors par l'unité du *Sens* propre à la force centralisatrice universelle, dont la convergence s'accuse toujours d'elle-même sans que l'*art* puisse jamais contribuer à la rendre plus forte ou plus faible qu'elle ne l'est en principe. Cette force, radicalement active par elle-même en toute rencontre, se démontre alors tout particulièrement *verticale*, *linéaire* et *centripète* ; et sans doute, après sa centralisation, il ne lui est point interdit, elle ne peut même s'empêcher (sans effet rétroactif pourtant) d'apparaître sphériquement *rayonnante*; mais ce nouveau sens d'application, n'étant que l'inverse du précédent, en confirme plus qu'il n'en masque l'unité radicale ; et, pour devenir ainsi d'interne externe ou de convergent divergent, le *centre des forces* ne laisse point de se signaler exclusivement en principe par l'*unité de sens*.

Il en est, maintenant, tout autrement du *centre de figure*. Nulle figure plane ou solide n'est assurément possible sans l'inclusion d'un certain espace entre deux ou trois ou quatre... *directions* formant angle ou surface; mais il n'est pas requis et ce serait même une faute de rattacher cette fois la moindre idée de convergence active ou de divergence passive à ces mêmes directions, car elles ont justement pour fin de s'étendre *transversalement* au cours de ces deux sortes de convergence ou de divergence préalable, comme pour renfermer dans leur enceinte le précédent *centre de force* ainsi changé par leur intervention en simple *centre de figure* ; et, non plus l'activité naturelle ou fatale précédente, mais l'activité formelle ou libre est actuellement l'auteur de cette nouvelle sorte de centralité, puisque, au lieu d'avoir cette fois à se mouvoir — sans interversion possible — d'abord de haut en bas et puis de bas en haut, elle a tout spécialement à se porter, comme il lui plaît, ou de gauche à droite ou de droite à gauche, sans autre mobile la déterminant à cette fin, que le début par la gauche quand elle se propose de finir par la droite, ou le début par la droite quand elle vise à finir par la gauche. L'activité fondatrice du *centre de figure* se caractérise donc par le *double* sens *dextrogyre* ou *lévogyre* de son exercice spontané, basé pour lors sur l'art, comme tout à l'heure l'activité fondatrice du centre des forces se signalait par l'*unité* de sens, œuvre de la nature.

L'exercice positif de la *libre* activité formelle s'interjetant seulement *en travers* de la *fatale* activité préalable essentiellement *centripète*, il nous est loisible de concevoir, soit la possibilité, soit l'existence d'une troisième sorte d'activité s'exerçant cette fois simultanément en sens contraire des deux précédentes activités *centripète* et *transversale*, et par là même s'installant à leur suite en *principe* ou *centre absolu d'action* simple ou singulière, indépendante en tout sens. Pour quelle raison, en effet, tandis qu'il est possible à l'activité radicale de se porter *fatalement* d'abord de haut en bas et *librement* ensuite, soit de gauche à droite, soit de droite à gauche, ne lui serait-il pas également possible encore de se porter désormais, en vertu de sa puissance résiduelle, en sens normal aux deux déjà réalisés, et cela dans toutes les directions non encore occupées, comme *principe* ou *centre d'action* accidentelle et passagère, conforme aux circonstances propres à l'y provoquer à toute heure ?... Dès lors que ce nouvel exercice n'est pas immédiatement censé combattre l'exercice du *centre* (*général*) des forces ni contrarier le jeu du *centre* de figure *spécial* de sa nature, mais survient ou s'impose à titre de simple *centre* d'action particulière, il doit pouvoir évidemment s'introduire à leur suite comme à la suite des deux expressions 1^3 et 1^2 trouve place l'expression inférieure 1^1 ; et c'est ainsi que, s'adjoignant alors aux deux centres précédents en nouveau centre bénéficiant de leurs mises respectives, il leur sert à son tour de complément, comme on conçoit qu'en logique le pur *accident* complète le *mode* plus stable, et ce même mode plus stable complète encore l'*être absolu* nécessaire et fondamental. Ce complément définitif de l'*unité de sens*, déjà provisoirement complété par la *duplicité de directions*, s'effectue pour lors par la *triplicité de vitesse* attribuable à tout centre purement actuel d'opérations momentanées, ayant à la fois à sa disposition les trois dimensions de l'espace sans distinction de temps.

6. Dans les trois centralités précédentes, l'Activité radicale jouit d'une liberté d'application proportionnelle au degré de son exercice actuel et figurable alors, pour le centre de force, par 1^3 — pour le *centre de figure* par 1^2 — pour le *centre d'action* par 1^1. Mais en la supposant une fois passée par abaissement continu d'exposant en l'état absolu d'indifférence entière figuré par 1^0, les trois états précédents d'activité, tous *positifs*, peuvent se convertir de la même manière en *négatifs* de degré croissant, tels que 1^{-1}, 1^{-2}, 1^{-3}; ceux-ci symbolisant cette fois la *passivité* déterminée par opposition initiale d'abord, par opposition notable ensuite, par opposition totale à la fin. Aux trois centralités de *force*, de *figure* et d'*action*, peut donc succéder ou s'adjoindre effectivement la triple inverse centralité d'*inertie*, d'*informité*, d'*incapacité* même radicale, et nous aurons bientôt lieu de dire comment et pourquoi cette progressive dégénération est possible : il nous importe ici seulement

de nous y préparer en revenant sur la double base de tous ces changements que nous nous somm es déjà donnée (§ 4) dans les deux principes de la *conservation de la force* et de la *continuité du mouvement*.

L'Activité de n'importe quel genre *physique*, *formel* ou *virtuel*, que nous savons déjà radicalement applicable sous les formes uni-ternaires $(1^3 + 1^3 + 1^3) \, 1'$ ou $(1' + 1' + 1') \, 1^3$, est

redevable à son *absolue simplicité* physique d'alors d'être, en même temps, *infiniment extensive* au formel et *infiniment intensive* au virtuel. Mais, se possédant dans ce cas (en vertu de son unité) tout entière, et trouvant dans le double champ extensif (formel) et intensif (virtuel) ample matière à l'exercice de sa totale liberté primitive, elle n'a pas autre chose à faire — supposé qu'elle veuille l'employer à modifier son état aussi primitif, physiquement *un*, ainsi que formellement et virtuellement *infini* — qu'à varier le double mode unitaire et ternaire exponentiel de son agir originaire, en diminuant à cette fin d'une unité le ternaire et grossissant encore d'une unité l'unitaire, ce qui la constitue par deux fois en la forme binaire, puisque 1^{3-1} et 1^{1+1} sont à la fois égaux à 1^2. Cette modification une fois faite a, maintenant, pour effet immédiat de ne point comprendre à titre de *moyen*, dans le double terme de cette manière introduit, la *puissance* même qui l'opère ; et cependant, si nous supposons ici (pour nous placer dans le cas le plus naturel) que cette puissance est la *sensible*, cette même puissance ne peut ne pas ressentir les conséquences du phénomène qu'elle cause. Tâchons alors d'apprécier ces conséquences.

Les conséquences dépendent des principes. Lorsque d'abord le *genre* Sens $= 1^3$ est à la fois servi par l'Intellect et l'Esprit fonctionnant eux-mêmes chacun au suprême de la puissance $= 1^3$, la perfection de l'agent *sensible* principal secondé par deux auxiliaires aussi parfaits que l'*intellectuel* et le *spirituel* d'alors ne lui permet jamais de voir l'effet de sa première mise tourner contrairement à son attente, ou bien ne pas correspondre à ses désirs et susciter plutôt en lui des regrets rompant l'uniformité de son état primitif d'équilibre. Mais si, prenant l'initiative de la contingence nécessairement mêlée toujours un peu d'arbitraire, il voit ce même arbitraire immédiatement déjà surfait par l'auxiliaire *intellectuel* et même aggravé de suite par le complémentaire *spirituel*, alors présupposé marcher plutôt de concert avec l'*Intellectuel* que sur ses propres traces, le résultat du concours actuel des deux genres ou principes *intellectuel* et *spirituel* avec le genre ou principe radical *sensible* peut, non seulement susciter à ce dernier des embarras ou difficultés en rendant l'exercice ultérieur plus ou moins onéreux, mais encore aboutir à le faire tomber en contradiction avec lui-même et le mettre dans l'entière impossibilité de continuer son œuvre, voire encore de la détruire à fond. Sous ce rapport, de même qu'il est originairement licite et même nécessaire au *Sens* radical d'user (en qualité d'agent *initiateur* absolu primitif) d'arbitraire, il ne saurait être assurément interdit à ses deux auxiliaires, intellectuel et spirituel, d'en user un peu pareillement dans leur concours officieux originaire ; mais, comme appelés seulement alors à concourir, ils n'en sont pas moins tenus à se renfermer dans la mesure

impliquée par leur ordre d'intervention, et telle
que la comporte, par exemple, la dérivation de
1^3 donnant 1^2, ou bien encore la dérivation de 1^2
donnant 1^1. Supposons alors qu'il en soit ainsi :
le Sens radical, entrant le premier en exercice
contingent sous la forme 1^3, met à jour l'Intel-
lect sous la forme $\begin{cases} 1^2 \\ 1^1 \end{cases}$, et l'Esprit sous la forme
inverse $\begin{cases} 1^1 \\ 1^2 \end{cases}$; et voilà, dès ce moment, ces deux
genres admis à concourir avec le Sens. Comment
le pourront-ils faire alors légitimement ? Ils le
pourront faire irréprochablement en instituant,
chacun, à l'imitation du Sens, une série — non
plus de *trois* termes — mais d'un *nombre indéfini* de termes, laquelle, introduite par l'Intellect, mènera de 1^2 à 1^1, et, remaniée par l'Esprit
(si l'Esprit se résigne à marcher à la remorque
de l'Intellect ou suivre le procédé natif), mènera
de nouveau de 1^2 à 1^1 ; mais (si l'Esprit tient plus
au Sens qu'à l'Intellect, comme c'est d'ailleurs
son devoir) mènera de 1^1 à 1^2. Et voici comment.

Nous venons de dire que la fonction de la
puissance marchant la première sur les traces du
Sens, et qui est l'Intellect, consiste à réaliser la

transition de sa forme propre et moyenne, 1^2, à l'élémentaire, 1^1. Or, autant il lui est loisible de le faire enthymématiquement ou d'un bond, autant elle y peut procéder syllogistiquement ou soristiquement par degrés, au moyen d'une progression plus ou moins rapide suivant le *module* adopté par elle à cette fin. Ainsi, la transition à réaliser étant toujours celle de 1^2 à 1^1, supposé que la puissance intellectuelle adopte pour *module* le *quintuple* de la valeur des deux exposants 2 et 1, elle établira la progression géométrique

$$\frac{10}{5} = \frac{8}{4} = \frac{6}{3} = \frac{4}{2} = \frac{2}{1},$$

qui la mène à son but consistant à passer sans flagrante interruption, de l'état potentiel de degré moyen marqué par le numérateur 2, à l'état potentiel de plus bas degré marqué par le dénominateur 1.

L'Esprit tire bien, maintenant, son origine de l'Intellect; mais il la tire aussi du Sens: il est donc comme limité de deux côtés ou sous double dépendance. Néanmoins, quoiqu'il tienne de *plus près* à l'Intellect qu'au Sens, il tient *plus fortement* au Sens qu'à l'Intellect; car il n'hérite que la *forme* de l'Intellect, et reçoit au contraire du Sens le *fond* de son avoir, dont on ne saurait nier la supériorité sur la *forme*, bien plus variable ou modifiable que lui. Sa double origine ne laissant point alors de l'astreindre à reproduire en soi, tant la *forme*, de nature *intellectuelle*, que le *fond*, de nature sensible, il doit sans contredit commencer par donner cours dans son sein (comme il lui convient, ou moyennant la simple inversion différentielle des facteurs numérateur et dénominateur l'un en l'autre) à la précédente série régressive ou descendante *intellectuelle*, ainsi qu'il suit : $\frac{5}{10} = \frac{4}{8} = \frac{3}{6} = \frac{1}{2}$; mais, pour se montrer aussi reconnaissant envers le *Sens* qu'envers l'Intellect, il doit *à fortiori* reproduire également l'allure *progressive* que le Sens ne sépare jamais de la *régressive* pour se conserver en équilibre stable ou perpétuel, et fonctionner conséquemment en restaurateur de cette même allure *progressive* ignorée de l'Intellect, dans la nouvelle suite ascendante : $\frac{1}{2} = \frac{2}{4} = \frac{3}{6} = \frac{4}{8} = \frac{5}{10}$. Par où l'on voit que, en usant bien de leur pouvoir discrétionnaire respectif, l'Intellect et l'Esprit, marchant ensemble sur les traces du Sens radical, ne font que manifester à grands traits, en espace et temps ou mouvement perçus ou percevables, les mêmes opérations que le Sens radical effectue d'abord invisiblement (pour leur simplicité) dans le seul ressort de la conscience interne.

7. La perfection requise chez les deux puissances *intellectuelle* et *spirituelle* pour leur persistance en plein accord avec le Sens radical, quel qu'en soit le premier agissement spontané, les suppose attentifs à calquer leur propre agissement sur le sien, afin que la même subordination qui règne entre leurs *personnalités* règne également entre leurs *opérations*. Leurs personnalités se classant en principe *objectivement* dans le rapport des trois formules 1^3, $\left\}{\begin{smallmatrix}1^2\\1^1\end{smallmatrix}}\right.$, $\left\{{\begin{smallmatrix}1^1\\1^2\end{smallmatrix}}\right.$, il en doit être de même de leurs opérations respectives. Or, dans ces formules, le radical admis est l'*unité,* qu'on peut dire (en principe) indépendante de tout choix ou mélange d'arbitraire. Il appartient alors au Sens de la modifier le premier, en la posant, par exemple, égale à a, ou b, ou c, ou d, etc. Est-ce de a qu'il fait choix : scru-

puleux imitateurs de son agir, l'Intellect et l'Esprit n'en voudront pas d'autre ; et forcément les précédentes formules se reproduiront avec la faible modification du radical dans les expressions a^3, $\begin{cases} a^2 \\ a^1 \end{cases}$, $\begin{cases} a^1 \\ a^3 \end{cases}$; ce qui suffit pour nous assurer de leur accord absolu perpétuel. Car, en pareil cas, les trois puissances restent réellement superposées dans ce que nous avons appelé le *centre des forces*. Cependant, avons-nous dit, il n'est point impossible à l'Intellect de mettre — à l'imitation du Sens — un peu d'arbitraire dans son propre jeu, moyennant qu'il se maintienne dans la limite des convenances, ou bien qu'il modifie seulement d'une manière légère ou sans sortir des proportions le radical donné a, dont le sien b peut figurer comme une légère variante, ainsi que cela serait si l'on avait $b = 2\,a$. Ce premier essai de modification plus avancée ne trouble nullement encore, en effet, l'état de relation originaire entre l'Intellect et le Sens ; et peut-être ou même infailliblement est-il aussi propre à les réchauffer dans certains cas, qu'à les refroidir en d'autres : il a néanmoins un premier résultat apparent appréciable, en ce qu'il imaginarise en quelque sorte ou refoule dans l'ombre du passé (sans l'annuler pour cela) le *centre* précédent et désormais quasi latent *de force*, auquel il substitue le *centre de figure*. Le précédent *centre de forces* en contenait *trois* en *une*, pour complète subordination de l'Intellect et de l'Esprit au Sens. Le nouveau *centre de figure* perd la présence du *Sens,* mais il équivaut encore au couple des deux principes *intellectuel* et *spirituel* restant associés ; et l'instituteur de ce groupe binaire, qui est l'Intellect, s'y montre donc égal à deux, en ménageant du même coup à l'Esprit son inférieur respectif actuel, l'occasion d'équivaloir à son tour également à deux dans son propre ressort, après convenable échange de rôles entre les deux. Rien n'empêche, cependant, de concevoir, soit l'Intellect, soit l'Esprit confinés pour des temps indéfinis dans le simple rôle élémentaire 1'; et pour lors le *centre* même *de figure* cesse d'exister ou cède la place au *centre d'action,* lequel finit par s'évanouir à son tour ou bien se convertit en pur *centre de passion,* lorsque l'accord initial, à force de s'affaiblir, dégénère en désaccord absolu réel. Le premier indice d'affaiblissement au moins apparent est l'adoption par l'Intellect d'un radical b, non identique, mais seulement *proportionnel* au primitif a ; ce premier affaiblissement s'accroît ensuite notablement en l'adoption par ce même Intellect d'un nouveau radical b' *premier* avec le primitif a ; l'Esprit, alors sollicité d'agir sans pouvoir concilier ces contraires, en emploie naturellement un troisième c', non moins disparate à l'un des précédents qu'à l'autre ; mais dès ce moment, si l'accord primitif en exercice externe n'est point immédiatement détruit à fond, il est au moins bien précaire ; le même hasard qui l'a fait naître peut le faire disparaître, et ce qui lui succède tôt ou tard, c'est bien le désaccord, le malaise, la gêne ou même l'impuissance sans *fin* (1^{-1}), ou sans *bornes* (1^{-2}), ou sans *mesure* (1^{-3}).

8. Les quatre centralités dont il vient d'être question, ou les centralités de *force*, de *figure*, d'*action* et de *passion*, diminuent comme croît en elles l'excentricité, dont la gradation correspond pas à pas à leur propre dégradation originaire ; et, parce qu'elles sont figurables par les

quatre expressions 1^3, 1^2, 1^1, 1^0, les quatre
excentricités correspondantes le sont de leur côté
par les expressions analogues, quoique d'une
tout autre forme : $e = o, e < 1, e = 1, e > 1$.
Or on sait par la géométrie analytique à quelles
sections coniques ces formules correspondent
ou quels mouvements elles représentent ; ces
sortes de constructions sont dites *circulaires,
elliptiques, paraboliques* ou *hyperboliques*. Les
érigeant en symboles de centralités, nous verrons
dans les *circulaires*, des centres de *force*, —
dans les *elliptiques*, des centres de *figure*, —
dans les *paraboliques*, des centres d'*action*, —
dans les *hyperboliques*, des centres de *passion*.

Pourquoi, d'abord, voulons-nous voir dans le
mouvement *circulaire* naturel, — notoirement
le plus faible des quatre dont il fait partie, ce
qu'il paraît être le moins apte à représenter, ou
bien un *centre de force?* Nous le voulons, parce
que la force ne saurait jamais être plus grande
qu'au beau milieu de ce mouvement, là où la
concentration en est clairement entière. Là,
nulle figure n'apparaît encore par hypothèse, non
seulement au toucher, mais à la vue ; car, outre

qu'aucune ligne — même infinitésimale — ne s'y dessine sur le contour dans la trajectoire décrite et pour lors essentiellement composée de simples points, il n'y en a pas seulement la possibilité par suite de l'actuelle réduction obligée des *foyers* (pouvant seuls y donner occasion) au *centre* même : là, donc, rien n'apparaissant déjà, la force qui s'emploierait à produire l'apparition ne souffre aucun déchet ou reste bien entière. Et ce que nous disons là convient surtout au mouvement *circulaire* radical, le plus naturel de tous, en raison aussi bien de son intrinsèque *unité* que de son *infinité* concomitante. Car, si l'Intellect le conçoit infiniment extensif d'une part et si d'autre part l'Esprit s'y porte avec une infinie vitesse rayonnante de l'infiniment grand à l'infiniment petit (ses deux limites extrêmes), l'évidente instantanéité de ces deux opérations simultanées inverses suffit pour permettre au *Sens* radical, simple spectateur des deux, de se conserver en sa parfaite plénitude de puissance virginale originaire, puisque nulle force ne peut s'appliquer instantanément sans se retrouver, au terme de chaque instant consécutif, dans le même état absolu qu'à son début, avec complète exclusion de toute variation intermédiaire.

Pourquoi voulons-nous voir ensuite dans le mouvement *elliptique* une manifestation du *centre de figure*? Nous le voulons, parce qu'il s'y produit une décomposition du précédent *centre de force* (foncièrement permanent d'ailleurs) en deux nouveaux centres subsidiaires, soudainement apparus avec son agrément dans son sein, qui sont les deux centres de *figure* et d'*action*, et dont néanmoins celui de *figure* a l'avantage d'apparaître à la place du précédent centre de *force* devenu désormais comme imaginaire à son égard, quand, provisoirement au moins, celui d'*action* se trouve comme refoulé sur les côtés en l'un des deux foyers de l'ellipse décrite. La préséance *formelle* du *centre unique* de l'ellipse sur chacun des deux *foyers* séparément envisagés est ce qui justifie pour lors la spéciale assignation du rôle que nous lui attribuons dans cette circonstance, en en faisant plutôt désormais un centre de *figure* qu'un centre d'*action*.

Et pour quelle raison faisons-nous immédiatement après, de la *parabole*, un centre spécial *d'action?*... C'est bien, si l'on daigne ici le remarquer, le principe de la liberté qui se fait jour dans le passage primitif du cercle à l'ellipse; mais, en cela, la liberté survient pour se poser ostensiblement encore plutôt en humble ou simple auxiliaire de la nature institutrice du *centre de force* qu'en rivale indépendante et moins encore en souveraine. Est-ce que, néanmoins, la faculté de concourir n'implique point celle de rivaliser ? Soit alors ce nouveau pas de plus, fait en avant ; et la liberté, se débarrassant alors pleinement du joug de la nature, en relègue promptement comme à l'infini l'œuvre primitive, en instituant, très indépendamment de ses deux centres préalables de *force* et de *figure*, son propre centre privilégié d'*action*; ce qui s'effectue dans la *parabole*.

La formule de la parabole $e = 1$ exprimant au juste le degré d'exercice indépendant dans lequel la liberté se pose en rivale de la nature, s'il lui prend encore envie de s'élever plus haut ou de la dépasser, elle ne peut désormais qu'aspirer à réaliser l'extrême degré d'excentricité marqué par la formule de l'hyperbole $e > 1$. Mais est il possible que jamais pareille prétention où visée se réalise? Certainement non; tout au plus, l'esprit d'indépendance une fois contracté peut aisément dégénérer en état d'hostilité flagrante et reproduire ainsi librement sous forme *passive* et *négative* les mêmes trois degrés *d'activité positive* déjà figurés par les expressions potentielles aussi positives 1^3, 1^2, 1^1, dont les négatives inverses sont alors les trois autres 1^{-1}, 1^{-2}, 1^{-3}.

9. Voulant résumer en quelques mots les caractères formels de l'Activité fonctionnant dans l'ordre des quatre formules d'excentricité $e = 0$, < 1, $= 1$, > 1, nous dirons qu'elle se montre, en la première, *naturelle* et *régulière*, aussi bien qu'*universelle* et *éternelle*, — en la seconde, tout à la fois *simple* et *complexe*, *constante* et *variable*, — en la troisième, *indéfiniment crois-sante* et *décroissante*, *progressive* et *régressive*, — en la quatrième enfin, absolument *impos-sible* et pleinement *imaginaire* par conséquent. Mais les caractères *virtuels* de l'Activité sont encore plus intéressants à considérer que les précédents *formels*; et pour les signaler à leur tour, nous reporterons alors notre attention sur les

séries déjà mentionnées (§ 6), sans préalable indication de leur emploi réel, seul néanmoins en état d'en révéler toute l'importance.

Il s'agissait là, si l'on veut bien se le rappeler, d'expliquer le passage, du *mouvement circulaire* primitif représenté par le rapport des exposants 2 et 1 des deux formules 1° et 1', au mouvement immédiatement subséquent *elliptique* représenté de son côté par des quantités finies, de nouveau corrélatives et respectivement proportionnelles, telles que a ($= 10$) et b ($= 5$), dont le rapport $\frac{a}{1}$ ne différait alors du primitif infinitésimal $\frac{2}{1}$ que par la forme sans toucher au fond ; différence alors obtenue sans peine en portant à sa *quintuple* valeur la valeur radicale 1 du rayon du cercle infinitésimal. Moyennant donc l'emploi constant de valeurs proportionnelles attribuées aux quantités indéfinies a et b, l'on est sûr de ne modifier que légèrement ou bénignement l'allure circulaire de l'Activité radicale, puisqu'elle reste alors *révolutive* malgré la variation incidemment introduite dans son cours. Mais, au lieu d'attribuer aux deux quantités indéfinies a et b des valeurs *proportionnelles* telles que 10 et 5, ne peut-on

leur en attribuer de *premières* entre elles, telles
que *5* et *3* ? On le peut assurément ; mais alors
— au lieu qu'en posant naguère $\frac{10}{5}\left(=\frac{2}{1}\right)$ on ne
variait que pour la forme et sans toucher au fond
le rapport fondamentalement indispensable au
mouvement circulaire pour qu'en variant il ne
cesse point d'être révolutif, — en posant actuelle-
ment le rapport *irrationnel* $\frac{5}{3}\left(=\frac{1,666\ldots}{1}\right)$, on
commence en quelque sorte d'ébrécher sensible-
ment ce même fond, et c'est ainsi que cette fois,
du mouvement *circulaire* primitif, on saute —
à travers l'*elliptique* toujours clos — au *parabolique* jamais clos par lui-même. Cependant,
afin de manifester mieux ou plus mal sa liberté
que tout à l'heure, on peut bien encore ne pas
se contenter de mettre en rapport des valeurs
premières entre elles et vouloir substituer à
celles-là de nouvelles valeurs incomparables,
comme si l'on avait $\frac{a\,(=5)}{b\,(=\sqrt{-2})}$; cette fois, l'opération ne serait pas seulement — comme tout à
l'heure — interminable, elle serait en outre absolument impossible : alors, la courbe, ne pouvant
plus seulement se fermer, mais ne pouvant pas

même débuter à son heure, perd rapidement toute allure centripète ; et l'on arrive ainsi fatalement, sans passer par les étapes des mouvements circulaire, elliptique et parabolique, à l'hyperbolique final.

Une fois fixés ainsi sur les caractères tant *virtuels* que *formels* des quatre mouvements coniques *circ.*, *ellip.*, *par.* et *hyp.*, nous pouvons aborder la question désormais capitale pour nous de leur habituelle coexistence entière ou partielle en une foule de positions *absolues-relatives* distinctes, dont nous prendrons pour exemple, aux cieux, les *corps sidéraux réguliers*; en terre, les *organismes animés humains*. Ce qu'il y a d'éminemment remarquable en toutes ces positions individuelles, c'est leur *unité* singulière *absolue*, d'une part, et leur *triple* (ou *quadruple*) constitution *relative*, de l'autre ; mais, après ce double trait de ressemblance, elles offrent cet autre trait différentiel que, chez les unes, ou les *célestes*, les *forces effectives* ou motrices semblent s'appliquer avec une complète indépendance, et comme de dehors, aux *corps* qu'elles régissent, quand au contraire, chez les autres; ou

les *terrestres*, elles semblent être renfermées en
eux et dépendre de leurs organes ou membres
intégrants respectifs.

Considérons-nous d'abord les *corps sidéraux
réguliers* nommés soleil, planètes, satellites :
nous les trouvons — généralement envisagés —
constitués en sphères, effectuant des mouvements *révolutifs*, et doués encore d'un mouvement *rotatoire* manifeste. Comme corps sphé-
roïdaux, ils impliquent alors un *centre de force*
$= 1^3$; comme corps effectuant des mouvements
révolutifs elliptiques, ils impliquent un *centre
de figure* $= 1^2$, comme tournant encore sur
eux-mêmes, d'un mouvement uniforme constant,
ils accusent un *centre* aussi constant d'*action* $=
1^1$. Mais ce ne sont pas néanmoins ces corps eux-
mêmes qui jouent alors ces divers rôles ; car ils
les subissent au contraire pleinement, pour intrinsèque et radical défaut de spontanéité per-
sonnellement attribuable à chacun d'eux. Ils
sont donc bien constitués chacun fatalement ; et
fatalement encore tous circulent, tous tournent
en vertu de *forces* préalables, au milieu desquelles
ils subsistent ou se meuvent en conséquence

comme les oiseaux dans l'air, — ces mêmes forces n'étant redevables qu'à elles-mêmes de l'objective représentation qu'elles se donnent en eux sans autre source ou principe originaire possible que le Sens radical, *centre de force* $= 1^3$, — ou l'Intellect radical, *centre de figure* $= 1^2$, — ou l'Esprit radical, *centre d'action* $= 1^1$.

Des corps sidéraux réguliers, passons maintenant aux *organismes animés humains*, que nous disions naguère renfermer en eux-mêmes leurs causes respectives efficientes ou motrices. Personne, sans doute, ne songe à contester ici cette première assertion. Tandis que les corps célestes obéissent à des puissances supérieures et comme étrangères dès lors à leur égard, les organismes terrestres portent ou contiennent en eux-mêmes les causes automatiques de leur formation ou de leurs mouvements, et la preuve évidente en est dans l'incessante variation spontanée de leurs états, vitesses ou directions. Mais ces organismes terrestres, et les humains surtout, sont composés de tant d'éléments et de membres différents, qu'il est loin d'être facile d'en assigner pour eux, comme nous l'avons fait naguère pour les corps célestes réguliers construits sur les types de soleil et de planète ou de satellite, trois ou quatre vraiment spéciaux et pouvant être à ce titre censés représenter tous les autres. Néanmoins, en y regardant de près, on finit par y reconnaître trois divisions principales qualifiables de systèmes, lesquelles peuvent bien correspondre aux trois divisions naguère indiquées chez les corps célestes, et pour cela se prêtent — tout bien examiné, — comme elles, aux trois qualifications de *centre de forte* $= 1^3$, de *centre de figure* $= 1^2$ et de *centre d'action* $= 1'$, avec une quatrième et dernière centralité dite de passion $= 1^\circ$. Ces trois systèmes sont : le système *alimentaire*, le système *nerveux* et le système *vasculaire*.

Un système d'organes n'est point assurément une unité *réelle*; mais, *formellement*, il ne laisse point d'en tenir lieu, surtout quand il en résume bien en un organe principal le disparate fonctionnement de tous les autres, et semble ainsi les suppléer tous pour la production de l'effet total. Cette dernière réflexion s'applique parfaitement au premier des trois systèmes tout à l'heure désignés, qui est l'*alimentaire*. Nous plaçons ce système au premier rang, comme étant celui qui fournit à l'organisme humain tout son contenu réel ou matériel, c'est-à-dire la substance même des chairs, des os, des muscles, des nerfs, des artères ou des veines et du sang qui circule en elles : il en constitue donc ou — pour mieux dire — il en fabrique le solide, le liquide et le gazeux réels ; il en fait à la fois le subjectif et l'objectif ; et la primauté lui convient si bien sous ce rapport que, incontestablement, il ne serait ni ne pourrait jamais être question des deux autres systèmes *nerveux* et *vasculaire*, si l'*alimentaire* ne leur fournissait, en les précédant, tous les matériaux de leurs opérations respectives. Ce système *alimentaire*, étant ainsi bien certainemeut le commun générateur ou principe des deux autres, commence par là même, à titre d'agent sommaire radical, à fonctionner comme s'il était implicitement tout ou réunissait théocratiquement en lui-même tous les pouvoirs ; et dès lors nous avons à peine besoin d'ajouter qu'il s'impose en vrai *centre* unique et général *de force* $= 1^3$, contenant en réserve et disponibilité dans son sein toutes les autres centralités d'ordre inférieur

susceptibles d'en émerger ultérieurement par dérivation immédiate ou médiate.

Le système que nous sommes maintenant
d'avis de placer au second rang comme immédiat
succédané du précédent *alimentaire*, est le *nerveux*, qui s'en déduit de suite effectivement en la
manière dont on passe de la formule 1^3 à sa première dérivée 1^2, par substitution, au *centre de
force*, siège implicite de la plénitude originaire de
puissance, du *centre de figure* simple représentant
de la puissance moyenne ou spéciale, moindre d'un
seul degré que le précédent générateur. On a déjà
compris, par ce qui précède, que l'avènement du
nouveau système ne peut avoir pour objet la
production de substances quelconques, mais seulement la distribution, entre les substances déjà
réalisées par le système alimentaire, des rôles
les plus convenables à chacune d'elles en raison
de leur fond ou de leur forme. Car ces substances,
différant gravement l'une de l'autre sous ce double
aspect, ne peuvent évidemment servir aux mêmes
usages : la physique, l'optique, la thermo-chimie,
ne nous permettent point le moindre doute à cet
égard. Pour le convenable emploi de ces divers

matériaux inégalement propres à la transmission
— de contour à centre ou de centre à contour —
des impressions reçues ou des réactions opérées,
il faut donc que, à la suite du système primitif
alimentaire, il en survienne un nouveau, distri-
buant convenablement toutes ces données plus ou
moins contradictoires, contraires ou disparates,
comme il existe à la poste des commis veillant
à la bonne distribution des dépôts confiés pêle-
mêle à la boîte aux lettres ; et c'est alors cette
fonction que remplit justement le système *ner
veux*, bien qualifié pour cette raison de *centre
de figure*.

Le troisième système déjà dit *vasculaire*, mais
qui peut être serait mieux dit ici *circulatoire*,
survient par dérivation médiate de l'*alimentaire*
à l'aide du *nerveux* ; et pour en expliquer le rôle
ou l'avènement, nous l'envisagerons comme le
rapport ou quotient de ces deux précurseurs.
Figuré par 1^3 et se signalant par mouvement
spontané *centripète* éternel, le Sens n'agit point.
dans l'*alimentaire*, en simple cône ayant son
sommet au centre, mais en sphère entière,
par absolue condensation de force, à son centre.

Figuré de son côté par 1^2 et se signalant en même temps par mouvement spontané *tangentiel* indéfini, l'Intellect n'agit point non plus en simple secteur partant du même centre que le Sens, mais en cercle entier ayant régulièrement même centre et contour que la sphère sensible. Prenant alors le rapport de leurs deux formules qui sont aussi celles des deux centres de *force* et de *figure*, l'on a le quotient de $\frac{1^3}{1^2} = 1^1$ pour symbole du centre final d'*action*. Ce quotient pouvant maintenant être regardé comme une *résultante* des deux exercices personnifiés ou fondamentaux sphérique et circulaire, d'où il émane en effet, nous n'avons pas de peine à voir que, quoique bien inférieur en application à ses deux générateurs, il en partage néanmoins foncièrement l'immanence à titre de principe de mouvement actuel et singulier ou linéaire, plus ou moins transitoire ou variable d'ailleurs, mais que son initiative, en réglant la seule intensité, n'en règle ni le *sens* ni la *direction* absolus, toujours prédéterminés par les termes actifs 1^3 et 1^2 d'où provient le passif ou résultant final 1^1.

10. Décidément, donc, il existe, soit aux cieux dans les corps sidéraux réguliers, soit en terre dans les organismes animés humains, trois sortes de centralités ou d'excentricités figurables par les trois premiers mouvements coniques circulaire, elliptique et parabolique ; et, malgré leur irréductibilité respective, elles y fonctionnent en outre à la fois dans beaucoup de cas sans se nuire ou s'empêcher le moins du monde, quoique en définitive un semblable conflit ne soit point impossible et s'y réalise même en autant ou plus de cas encore. Avant toutefois de nous engager dans la recherche de ces fâcheuses ou funestes rencontres, il convient de mieux détailler que nous ne l'avons fait les conditions générales des opérations qui peuvent y donner lieu dans les deux sortes d'exercices céleste et terrestre, dont le céleste mérite, pour sa simplicité, d'être considéré toujours avant le terrestre plus complexe.

Pour la distinction de l'un et de l'autre, nous nous sommes déjà fondés sur cette observation générale que, chez le céleste, les forces fonctionnent comme situées en principe autour ou hors des corps qu'elles animent de fait, quand, chez les terrestres, elles fonctionnent comme situées en dessous et en dedans d'eux ; ce qui revient à dire qu'aux cieux elles fonctionnent de dehors en dedans ou bien en *centripètes,* et qu'en terre elles fonctionnent au contraire de dedans en dehors ou bien en *centrifuges.* Nous arrêtant alors sur la seule construction absolue générale ou radicale du monde céleste, nous le voyons se composer de deux parts, l'une *extérieure* occupée par les *forces,* et l'autre intérieure occupée par les *corps* sidéraux ; lesquelles deux parts sont encore entre elles comme *vide* et *plein.* Et tout d'abord le *vide* périphérique est là nécessairemment *immense,* ainsi que le *plein* central (par concentration) *un.* Cette opposition radicale suffit alors pour expliquer l'antique préjugé que *la nature a horreur du vide,* sans néanmoins le justifier ; car, autant parfois la nature fait le vide en se retirant, autant parfois elle le comble en y siégeant. Originairement, donc, tout est vide hors du centre ; mais en même temps le centre se trouve être infiniment intensif ou gros de possible, en son unité primordiale. Supposons alors une multiplication quelconque du même centre, ou portons-en le nombre successivement à deux, ou trois, ou davantage indéfiniment : tandis qu'alors le nombre s'en multiplie, le vide radical se peuple proportionnellement de plus en plus ; et le vide radical subit lui-même en conséquence autant de multiplication e n petit, que le plein central primitif multiplie de son côté ses positions. Et quelle est alors la forme radicale obligée du même plein central un ou multiple, ainsi que celle du vide environnant un ou multiple encore? C'est, au point où ces deux parts du monde céleste se rencontrent, une *surface sphérique.* Le plein central radicalement *un* se réduit en un point ; le même point central *multiplié* consiste à son tour en points multiples alors comparables ou même assimilables aux étoiles dénuées de toute parallaxe avant tout grossissement apparent ou réel ; seulement, au lieu que nul mouvement tant rotatoire que révolutif n'est attribuable au plein centre radical *unique,* après sa multiplication ou traduction en pleins centres secondaires multiples, il n'est plus impossible, mais il devient au contraire très possible ou naturel de le voir.

apparaître, soit circulant, soit tournant sur lui-même dans l'ensemble pour variable situation ou changeante orientation de chacun d'eux à l'égard des autres; et pour lors le mouvement radical en est, d'après ce que nous savons déjà, le *circulaire*. Or tout mouvement *circulaire* provient, comme on n'en saurait douter, de deux autres mouvements rectilignes et rectangulaires concourants, l'un centripète ($= 1^3$) et l'autre tangentiel ($= 1^2$), dont la commune action se traduit en résultante, laquelle, infiniment petite, suffit à réaliser un mouvement circulaire uniforme et perpétuel (en principe) de rayon $= 1$ et puis (de fait) de rayon quelconque. La circonférence décrite en pareil cas sépare donc *virtuellement* l'une de l'autre les deux parts *externe interne* du monde céleste, dont la tangente en chaque point constituait déjà sur la courbe une simple délimitation provisoire; par là l'on peut maintenant reconnaître combien nous avons eu raison d'admettre dans nos précédents écrits l'existence d'une surface parallactique séparant l'un de l'autre les deux systèmes stellaire et solaire. Car l'existence de cette surface entre l'*infini* péri-

phérique et l'*un* central primitif ne peut ne pas
se produire par là même au passage d'un monde
circonscrit au sous-monde inscrit immédiat, de
la même manière que la multiplication du centre
primitif nous a paru devoir être toujours accom —
pagnée d'une proportionnelle multiplivation de
contours vides.

Tout bien considéré, l'ensemble primitif d'un
plein centre originaire et d'un *vide infini* périphé·
rique est un ensemble type ou modèle de tous
autres ensembles, n'en différant alors que par leur
nombre et leur rayon ou contour, c'est-à-dire,
par la position (chez ces derniers) du *centre essentiellement relatif d'action* d'où partent les deux
directions *centripète* et *tangentielle* en opérant
par leur rencontre la réalisation. Or il n'y a point,
pour même centre donné radical, deux directions
centripètes assignables en tous points pris sur
un contour ; mais il peut toujours exister concurremment deux directions *tangentielles* opposées
partant du même point, l'une *dextrogyre* et
l'autre *lévogyre*. En outre, au lieu de rester égale
à elle-même ou telle qu'elle est d'abord en mouvement *circulaire* uniforme, l'action *tangen-*

tielle peut vouloir, en régime de liberté, se sur-faire progressivement en substituant d'abord, au mode primitif d'excentricité $e = 0$ l'*elliptique* $e < 1$, puis, à l'*elliptique* < 1 le *parabolique* $= 1$, et finalement au *parabolique* $e = 1$ l'hy-perbolique $e > 1$. Cela étant, toute la primitive constitution peut se renverser de fond en comble ; et ce qui, là, renverse ou ruine tout, ce n'est ni la force *sensible* centripète ni la force *spirituelle* résultante, mais la seule force *intellectuelle* tan-gentielle. L'Intellect tangentiellement appliqué réunit donc foncièrement en lui-même toutes les sources possibles de contingence ainsi que de per-turbation, par sa double faculté de modifier arbi-trairement la *direction* et l'*intensité* de son agir objectif et subjectif en dessus ou dessous de l'*unité* réelle.

11. Nous trouverons bientôt l'occasion de con-stater qu'effectivement, au lieu d'avoir une seule entrée dans le monde *terrestre*, le trouble y peut pénétrer par deux portes opposées ; mais, pour le voir, nous devons auparavant en décrire, comme nous venons de le faire pour le monde *céleste*,

la constitution générale respective. De ce que d'abord, chez le monde *terrestre*, les *forces* existent incluses dans les *corps* qu'elles animent alors comme du dedans en *centrifuges*, il suit manifestement qu'elles n'y sont point multiples de *position*, mais seulement *relativement* différenciables : ici, donc, le *centre de force* radical est et demeure toujours *un* ; et la contingence présupposée s'y mêler, consiste en une plus ou moins grande complication d'organisme, à membres de dimension très inégale ainsi que de très différent emploi, dont l'opposition initiale la plus faible peut tellement empirer qu'ils finissent par se condamner eux - mêmes réciproquement au repos le plus absolu. La possibilité de cette impuissance finale provient du double rôle ici rempli par le *centre de force* ou le Sens radical, tout d'abord pleinement *actif* comme équivalent à l'activité radicale tout entière, dont il réunit au début en soi le triple fonctionnement potentiel 1^3, mais puis tout *passif*, au terme de sa triple application objective qui le laisse (après retranchement accompli des trois exposants de l'unité dans les formules *réelles* 1^3, 1^2, 1^1) réduit à la seule valeur finale

imaginaire 1°. Cette double situation n'existait
point pour le Sens dans le cas précédent, où nous
avons dit le seul Intellect ouvert au changement
par son double mode d'exercice simultané variable en direction droite ou gauche, ainsi qu'en
sens progressif ou régressif; et comme, alors, le
Sens n'était point supposé varier, s'il y avait péril,
le péril ne pouvait provenir que de l'Intellect lui-
même, et non du Sens. Dans le nouveau cas,
au contraire, indépendamment du péril venant
de l'Intellect, il en surgit un nouveau venant de
la duplication d'état sensible, tout d'activité d'une
part, ou tout de passivité de l'autre; et voici comment. Par lui-même, le Sens radical, pleinement
actif en son rôle absolu de *centre de force* $= 1^3$,
est entièrement incapable, non seulement de jamais faillir, mais encore d'en fournir ou trouver
l'occasion; mais, en tant que, au lieu de s'en
tenir à ce premier rôle, il endosse subsidiairement le passif et sous ce rapport s'assimile entièrement (en premier lieu, de son côté) le rôle de
l'Esprit, ou bien, en d'autres termes, se donne
ou contracte ainsi la licence d'empiéter sur le
terrain de ce dernier, ce changement de fonction

de sa part est, pour ce dernier, une provocation
à l'imiter par réciproque endossement du rôle
actif, au moment où, par hypothèse, le *Sens* s'en
désiste lui-même pour jouer le passif. Et, certes,
nous pouvons bien admettre que l'Esprit ne laisse
point passer inutilisée cette occasion de se payer
de retour. Alors, en plein exercice radical parfaitement équilibré par la nature même des choses
avant toute actuelle démonstration de libre arbi-
tre ou de vouloir spontané personnel, plaît-il à
l'Activité radicale de se montrer aussi douée de
liberté que de puissance : l'Intellect prendra —
comme nous le disions tout à l'heure — les de-
vants ou bien sera la première puissance faisant
acte d'indépendance ; mais, cela faisant, il n'expo-
sera que lui-même, en courant le risque de se
montrer aussi mal avisé que libre dans son évolution à vide. Mais, après l'Intellect et parce que
l'Intellect aura fait ainsi naître simultanément
pour le Sens et pour l'Esprit l'occasion plus ou
moins souvent renouvelée de changer d'état ou de
modifier leur premier rapport en ressort objectif,
la fantaisie peut donc venir et vient même au
Sens radical $= 1^3$ de fonctionner en Esprit $= 1'$,

ainsi qu'à l'Esprit fonctionnant d'abord en simple *principe d'action* $= 1'$ d'agir en *centre de force* $= 1^3$. Or ni le Sens ni l'Esprit ainsi transformés n'existent désormais en leur état naturel ou primitif; car le Sens seul est naturellement — en ressort objectif — *centre de force* $= 1^3$; et l'Esprit seul est encore naturellement — dans ce même ressort — *centre d'action* $= 1'$. Dès lors, par conséquent, que le Sens se pose en plus en agent $= 1'$ et qu'en plus également l'Esprit se pose en agent $= 1^3$, les deux font à la fois acte de contingence et deviennent opposables, variables et faillibles, comme l'est déjà devenu l'Intellect par dédoublement en cours formel ou *céleste* d'application dans l'espace vide. Mais, encore une fois, en s'exposant aux chances de la contingence, l'Intellect radical ne compromet directement que lui-même et laisse provisoirement indemnes les intérêts du Sens et de l'Esprit non encore entraînés à suivre son exemple. Cet exemple devient-il, au contraire, contagieux : le Sens et l'Esprit, s'en empreignant à la fois, en contractent pareillement à la fois toutes les bonnes ou mauvaises chances, ou bien deviennent versatiles, fantaisistes et faillibles, comme l'Intellect lui-même.

Cette conformation— en contingence—du Sens et de l'Esprit à l'Intellect ne s'établit cependant tout d'abord qu'au subjectif et non en l'objectif. Car, autre chose est varier— comme l'Intellect —dans le vide, autre chose est varier— comme actuellement le Sens et l'Esprit quand ils se copient en plus l'un l'autre — au sein d'un organisme à peu près clos de toutes parts. Nous disions naguère les *forces* circonscrites aux *corps* célestes ; chez les corps terrestres, elles leur sont inversement inscrites : outre, donc, qu'ici le champ en est énormément plus restreint, elles y sont au nombre de deux se gênant l'une l'autre, indépendamment même du renforcement de lutte y pouvant et devant infailliblement survenir par l'effet du dédoublement déjà réalisé de la troisième ou de l'Intellect. Ainsi, non seulement désormais le Sens et l'Esprit peuvent se supplanter dans leurs rôles ordinaires de principe et de fin ; ils peuvent encore se disputer la préséance en tous pareils rôles extraordinaires ou singuliers imaginairement créés ou surexcités par l'Intellect, et se porter de cette sorte jusqu'au paroxysme de la passion ou de la folie.

12. Nous connaissons maintenant assez les deux mondes *céleste* et *terrestre* pour pouvoir les qualifier d'un seul mot, en disant le premier un monde d'*apparences visuelles*, et le second un monde de *réalités matérielles*. Si l'on a dans le premier des joies ou des peines, ces sentiments n'y sortent point encore de la moyenne région de l'Intellect, ou bien ils y sont et restent imaginaires. Dans le second, on peut encore éprouver de pareils sentiments, mais ils y sont cette fois absolument réels et comme matérialisés. Il est vrai que chez les êtres célestes l'immanence ou persistance des affections en compense ou fait (à sa manière) réelle l'imaginarité, comme chez les êtres terrestres les prompts et fréquents changements des impressions reçues en font apparaître la réalité presque imaginaire. Mais, dans les courts instants où la réalité s'en impose, le Sens et l'Esprit ne laissent point de se livrer un rude combat dont il appartient alors à l'Intellect médiateur de prévenir autant qu'il est pos-

sible l'assaut ou d'utiliser ensuite du mieux l'avènement, et cela tant au *physique* qu'au *moral*.
Le côté *physique* étant ici le plus intéressant
pour nous, arrêtons-nous un moment à le considérer de préférence.

S'il s'agissait de lutte purement *intellectuelle*
ou formelle, nous nous replacerions au point de
vue du monde *céleste*, où (comme nous l'avons
dit ailleurs) l'Intellect possède un excellent moyen
de remédier à toutes luttes— même imaginaires
— de l'Esprit et du Sens, en s'y faisant et restant
constamment égal à 1, c'est-à-dire, en y réali-
sant au centre des choses ou du monde la forme
cubique, puisqu'on a dans ce cas, pour toutes
valeurs E du Sens ou V de l'Esprit, l'équation
résultante $\frac{E}{V} = 1$, d'où $E = V$. Dans les cas
moins favorables, il est au moins requis pour la
conciliation des différents, que la force *intellectuelle* T, réelle, milite en faveur de celle des deux
autres dont son concours seul peut compenser
l'infériorité relative, comme elle le fait dans
l'équation $E = VT$. Tout ce qui, maintenant, est
intellectuellement rationnel, l'est aussi *physiquement*, par la raison, par exemple, que, si

l'on a $\frac{6}{3} = 2$, l'on doit avoir $\frac{6F}{3F} = 2$. Quelle que soit l'occasion de la lutte en ressort *physique* entre le Sens et l'Esprit, l'Intellect peut et doit donc procéder à son aplanissement comme il le pourrait et devrait faire en pur ressort intel-lectuel, c'est-à-dire, en s'effaçant ou s'annulant lui-même si ce moyen suffit à concilier le différent, ou bien, dans le cas contraire, se ranger du côté du plus faible adversaire et réagir en sa faveur. Or, en principe, le Sens l'emporte incompara-blement sur l'Esprit, et c'est seulement par acci-dent et par suite d'énormes complications mé-nagées par le bon ou le mauvais concours de l'Intellect avec l'Esprit qu'il est possible à ce dernier, ainsi renforcé par l'Intellect, de tenir tête au Sens. Donc, faisant maintenant l'appli-cation de ces considérations aux trois systèmes fondamentaux, dits *alimentaire, nerveux* et *vas-culaire*, de notre organisme (§ 9), nous devons nous attendre à trouver : d'abord, *énormément* influente, et pour cela même dangereuse au même degré, toute modification *arbitrairement* ap-portée dans le régime *alimentaire* ; puis, *moyen-*

nement influente et par suite aussi moyenne-
ment chanceuse, toute modification *arbitraire*
introduite en système *nerveux* ; et enfin, faible-
ment influente, mais non moins compromettante
pour cela (comme occasionnellement non moins
avantageuse), pareille introduction de modification *arbitraire* en système *vasculaire*. Après
cela, nous sommes en mesure de nous rendre
scientifiquement compte de tous les phénomènes
vitaux réguliers ou irréguliers, généralement
envisagés.

Rappelons-nous ici, pour entrer en matière à
cet égard, la nature du Sens radical, qui est
d'être une identité de *subjectif* et d'*objectif* ou
(ce qui revient actuellement au même) une identité d'*intensité virtuelle* interne et d'*extension
formelle* externe ; en quoi la même supériorité
de 1^3 sur 1^2, qui convient à l'*identité sensible*
sur la *distinction intellectuelle*, convient encore
(au degré près, proportionnellement descendant,
de 1^2 à 1^1) à la *distinction intellectuelle* sur le
rapport spirituel entre les précédentes *identité
sensible* et *distinction intellectuelle* elles-mêmes.
Là, l'identité sensible représente le Sens ; la dis-

tinction intellectuelle, l'Intellect, et le rapport virtuel des deux, l'Esprit. Si pour lors nous faisons de l'Esprit un *rayon* $= 1'$, — en l'élevant à la seconde puissance 1^2 pour avoir sous forme de *cercle* l'Intellect, et l'élevant coup sur coup encore à la troisième puissance 1^3 pour avoir sous forme de *sphère* le Sens, nous ne pouvons plus voir autre chose, en la somme de ces trois valeurs ou des termes qu'elles représentent, qu'un Tout parfaitement harmonique ou formant système régulier aussi bien en *amplitude* pour identité de rayons, qu'en *circularité* pour identité de secteurs, ét en *sphéricité* pour identité de tous grands cercles. Mais, outre ces premiers éléments d'ensemble parfaitement régulier ou circulaire, le Sens radical en renferme comme possibles une infinité d'autres tels que les elliptiquement symétriques, ou les plus irrégulièrement encore paraboliques et les absolument informes hyperboliques, et cela tant en ressort subjectif qu'en ressort objectif. Originairement, il contient le *régulier* et l'*irrégulier* mêlés en toute sorte de proportions, un vrai chaos, qu'il appartient alors à l'Intellect (centre de figure $= 1^2$) de démêler progressivement avec le concours actif de l'Esprit et passif du Sens lui-même. Mais autant— avons-nous dit— l'Intellect peut procéder arbitrairement le premier à cette œuvre, autant il est loisible aux deux autres puissances spirituelle et sensible d'y procéder arbitrairement à leur tour ; et, si cette triple source de périls peut être conjurée, c'est à la condition expresse de voir par trois fois la raison présider à la conjonction harmonieuse d'éléments objectivo-subjectifs parfaitement compatibles. Mais comment reconnaître ces éléments et les réclamer comme il convient, avant de les avoir éprouvés ou vérifiés par l'expérimentation? Nulle pareille expérience ne peut être elle-même tentée sans un commencement d'arbitraire : la répéter, c'est ajouter à l'arbitraire ; la multiplier davantage, c'est faire de l'arbitraire encore ; cependant, tout en se grossissant ainsi, l'arbitraire ne laisse point également de s'affaiblir, car l'expérience instruit. Donc, en supposant que l'Intellect radical s'applique à n'user que par raison de l'arbitraire, il fait un choix convenable d'éléments pour la plus grande perfection possible des ensembles ainsi que des mouvements réalisés; il fait ou rend ces ensembles ou mouvements eux-mêmes les plus parfaits possible ; et de cette manière il réglemente à souhait ce que nous avons appelé les trois systèmes *alimentaire, vasculaire* et *nerveux.*

Nous venons de dire l'Intellect procédant, par le meilleur choix possible d'éléments, à la perfection des ensembles ; mais, en théorie, la considération des *ensembles* les plus parfaits prélude inversement à la reconnaissance des *éléments* les plus parfaits ; et nous préposerons en conséquence la considération des *ensembles* à celle des *éléments.*

13. Les *ensembles* se construisent au moyen de *mouvements,* dont le nombre est ici bien arrêté pour nous, puisqu'ils se réduisent aux quatre mouvements coniques *circulaire, elliptique, parabolique* et *hyperbolique.* Il serait inutile de répéter ici ce que nous avons déjà dit, mais nous devons chercher seulement à le compléter en faisant observer que, malgré leur importance ou radicale ou finale, les deux mouve-

ments circulaire et hyperbolique n'offrent plus
ici le même intérêt que les deux au tres, ou l'elliptique et le parabolique; car ils sont trop absolus
pour se prêter aux innombrables et merveilleux
aspects relatifs dont les mouvements elliptique
et parabolique sont de préférence, à titre de
moyens, le principe et le siège. Le mouvement
circulaire radical ne se prête point par lui-même
à la contingence ; car jamais il ne l'objective aux
yeux du Sens externe, et, pour le saisir en son
imaginaire réalité respective, le seul moyen que
nous ayons à notre disposition est de l'abstraire
des deux phases *expansive* ou *contractile* de
l'*elliptique*, dont il se distingue éminemment
par entière exclusion absolue de l'une et de l'autre. Oscillatoire en lui-même, le mouvement elliptique implique forcément par ses propres écarts
l'uniformité du circulaire; en lui, le circulaire
subsiste donc comme réellement sous-jacent, et
par conséquent comme *imaginaire* et *réel* tout
à la fois, ou bien encore comme une identité de
réel et d'imaginaire, chose évidemment transcendante en soi. Le mouvement hyperbolique est
au contraire, de son côté, tout spécialement phé-

noménique ; mais il l'est si simplement sous le double aspect de la direction et de son flux, qu'il tient essentiellement (comme on peut aisément le déduire de son expression la plus simple $\Sigma\, e^{-t}$) de la *raideur absolue* de la ligne droite et de l'*absolue variation* en tout temps. S'il se prête donc au jeu distinct de la liberté, ce n'est jamais qu'à son début, en l'arbitraire détermination de la valeur Σ ; car, pour tout le reste, il garde inva-riablement son double mode d'écoulement, con-sistant à varier d'autant moins en direction qu'il varie davantage en vitesse.

Les deux mouvements circulaire et hyperbolique ne pouvant donc ici nous intéresser, nous reporterons toute notre attention sur les deux autres mouvements *elliptique* et *parabolique*, dont le dernier, dérivant du précédent, est comme l'une de ses moitiés prise à part, ainsi qu'on le comprendra bientôt. Pour expliquer ce point, nous partirons de la théorie de la lumière, qu'on sait être douée des deux vitesses *uniforme* de propagation et *uniformément variée* d'intensité. L'ellipse existe deux fois sur ce même type. Les deux coordonnées, y, x, dont elle se compose,

impliquent les deux vitesses *uniforme* de propagation et *uniformément variée* d'intensité, mais
cette dernière seule ostensiblement, et la précédente secrètement. En outre, ces deux coordonnées s'impliquent bien l'une l'autre pour constituer une seule figure à centre commun, et passer
alternativement par les mêmes phases (en série
géométrique) de variation intensive ; mais, tout
autant qu'elles sont aussi susceptibles de se su-
balterniser en jouant, chacune à leur tour, les
deux rôles d'agent *principal* ou *secondaire*, elles
instituent semblablement deux ellipses distinctes,
dont les centres respectifs sont alors *indéfiniment*
distants l'un de l'autre (comme par exemple
Terre, Ciel), quand en chacune les deux foyers
qu'elle embrasse ne sont distants de son centre
spécial que de quantités *finies*, dont la somme
est évidemment une quantité finie. Ordinaire-
ment, on répute l'un de ces foyers *plein*, et
l'autre *vide*. Le *plein* est le voisin du périhélie,
le *vide* est le voisin de l'aphélie. Cette manière
de voir est conforme aux apparences, mais en
réalité très erronée ; car, s'il est bien certain
d'une part que le foyer réputé *plein* est un cen-

tre *réel* d'*action* décroissante, du périhélie où elle est *maximum*, jusqu'à l'aphélie où elle est *minimum*, il est aussi certain d'autre part que le foyer réputé *vide* est pareillement un centre *imaginaire* d'*action* cette fois croissante, de l'aphélie où elle est *minimum*, jusqu'au périhélie où elle est *maximum*. L'entière équivalence de ces deux fonctionnements inverses nous prouve bien alors qu'aux deux foyers il existe deux sièges de force également équivalente, et nous attribuerons en conséquence le foyer *plein* au *Sens* radical passant constamment en évolution, du *réel* (sa première position respective) à l'*imaginaire*, — réservant le foyer *vide* à l'Intellect aussi radical faisant retour, de l'*imaginaire* (sa première position propre), au *réel* alors hérité du Sens, son générateur ou précurseur obligé de fait et de droit.

Symboles d'exercice *uniformément varié* seul distinct en elles, les deux coordonnées y, x, de l'ellipse s'approprient, chacune, le *second* degré de la puissance en la formule type de ce cas : $a^2 y^2 + b^2 x^2 = a^2 b^2$. Il en est maintenant tout autrement dans la parabole, que nous disions naguère être en quelque sorte une moitié de l'ellipse. D'après ce que nous venons de dire, en chaque coordonnée, sous la valeur en exprimant le mouvement *uniformément varié* respectif, il en existe secrètement une autre corrélative au mouvement *uniforme* momentanément éclipsé par le précédent, et laissé pour cela dans l'ombre mais non moins réel pourtant : en l'ellipse, il y a donc deux couples de mouvements *uniforme* et *uniformément varié*, dont, s'il nous plaît d'opérer la séparation pour n'en retenir qu'un seul, le résultat sera de nous donner en particulier une moitié séparée de son autre moitié d'ailleurs égale (sauf l'inversion de rôle) en tout. Cette moitié prise à part constitue maintenant la parabole, dont l'équation est $\frac{y^2}{x} = 2\,P$, preuve évidente qu'effectivement, en elle, à la vitesse d'exercice *uniformément varié* du second degré marqué par y^2 s'en allie constamment une seconde d'exercice *uniforme* et du premier degré marqué par x. La raison de cette transformation du mouvement elliptique en parabolique n'est pas difficile à percevoir. Toute équation est une expression de relation, et toute relation est, foncièrement ou de sa nature, binaire. Ce qu'on compare alors dans l'ellipse, ce sont deux *intensités*. Veut-on, après cela, mettre désormais en parallèle avec chaque *intensité* l'*extension* dont on a jusqu'à cette heure négligé de tenir compte : on le peut faire assurément en certains cas, comme nous en avons justement ici l'exemple et la preuve dans la parabole. En ce passage de l'ellipse à la parabole, le partage de l'ellipse ne s'opère point cependant sans impliquer avec soi des changements notables et dont il importe ici de signaler au moins celui concernant la distance du seul *foyer* restant avec le *centre de figure*. Ici, le seul foyer restant est le *plein* naguère attribué au Sens, car le foyer *vide* ne peut trouver place qu'au delà du centre de figure; or ce centre de figure est justement infiniment distant du foyer plein ou réel; ce dernier foyer est donc nécessairement unique.

14. Toute relation étant de sa nature binaire, la comparaison de ses deux termes ne saurait offrir aucune difficulté lorsqu'ils sont — comme dans l'ellipse — un seul et même terme *absolu*

seulement saisi de déroulement *inverse* en progression géométrique, ascendante pour l'un, et
descendante pour l'autre, ou réciproquement ;
mais la chose ne se conçoit pas aussi facilement
quand il s'agit de comparer — comme dans la
parabole — deux séries d'espèce différente, ou
l'une géométrique et l'autre arithmétique, dont
nous prendrons pour exemple les deux suivantes :
$$\left\{ \begin{array}{ccccc} 1 & : \frac{1}{10} & : \frac{1}{100} & : \frac{1}{1000} & : \cdots \\ 0 & \cdot\; 1 & \cdot\; 2 & \cdot\; 3 & \cdots \end{array} \right.$$. Sachant par la théorie de
la parabole que cette corrélation n'est point im-
possible, nous ne saurions malgré cela disconve-
nir que la confection en est tout artificielle et
précaire ; la question alors ouverte est celle de
savoir comment la correspondance en peut tôt ou
tard prendre fin, en chacune d'abord, et de l'une
à l'autre ensuite. Or (chose inaperçue jusqu'à ce
jour et néanmoins bien certaine et démontrable),
quand la perturbation survient dans la série *géométrique*, elle est d'origine *exponentielle* ; et,
quand elle survient dans la série *arithmétique*,
elle est d'origine *géométrique* ou mieux (pour
employer ici le mot propre) *factorielle*.

La preuve de cette double assertion n'est pas

aussi mal aisée qu'elle semblerait l'être. N'est-il
pas manifeste que tout produit est nécessairement
d'ordre inférieur au producteur, et s'y rattache,
à titre de simple fait ou fin, comme à son principe
immédiat ou médiat, suivant qu'il en est la dérivée première ou dernière? Cette échelle de degrés s'offre à nous avec évidence dans les trois
expressions 1^3, 1^2 et 1^1, dont on tient forcément
la seconde 1^2 pour dérivée première de 1^3, et la
troisième 1^1 pour dérivée dernière de 1^3 et première de 1^2. Mais, s'il en est ainsi dans l'ordre
des activités, il faut bien qu'il en soit de même
en celui des passivités, puisque à toute activité
correspond une passivité de même ordre qu'elle.
Quand donc un changement se produit n'importe
où, sans pouvoir s'approprier le premier rang
dans la série dont il affecte un terme alors dé-
pendant d'un précédent obligatoire, ce terme
subséquent l'éprouve uniquement parce que,
dans le précédent obligatoire, il s'en est produit
plus spontanément ou même spontanément un
autre analogue, le conditionnant comme possible
et jusqu'à un certain point même comme actuel.
Il existe maintenant trois sortes de séries bien

notoirement hiérarchisées, qui sont : l'*exponen-tielle* $1^3 : 1^2 : 1^1$; la *géométrique*, de la forme $1 : \frac{1}{10} : \frac{1}{100} \cdot \cdot$; et l'arithmétique, de la forme $0, 1, 2 \ldots$ Leur appliquant le principe que nous vénons d'établir, nous ne pouvons expliquer que par un acte absolu de spontanéité tout changement sur-venu dans l'*exponentielle* ; mais le changement même facultatif introduit dans la *géométrique* lui vient à la suite d'un précédent analogue accom-pli dans l'*exponentielle* ; et à plus forte raison tout changement fatalement produit dans l'*arith-métique* lui vient d'un précédemment effectué dans la *géométrique*. Dans un monde parfait, tous ces changements consécutifs s'harmonise-raient comme la chose aurait lieu dans la mise au jour, dans une sphère incréée, de grands cer-cles ayant tous leurs secteurs successivement ap-parus, égaux, et de nouveau dans chacun de ces secteurs, tous les rayons simultanément appa-rents, égaux. Mais, le régime de la liberté n'ex-cluant point la déviation volontaire de cet ordre parfait et permettant de porter la licence jusqu'à son renversement, — en supposant que la per-turbation s'y produise —, elle y prendra pied pour lors au moins imaginairement en la série supérieure, avant de s'y fixer formellement en la moyenne, et de s'y réaliser définitivement en la plus inférieure. C'est-à-dire qu'elle s'y formulera deux fois : une première fois dans la supérieure *exponentielle*, et une seconde fois dans la moyenne *géométrique*. Or, comment cette double modification préalable est-elle possible? Nous comprenons déjà très bien *à priori* qu'un pareil événement ne peut et doit se produire que par voie de *négation*, à l'aide du signe — substitué volontairement au signe +, en cas de lutte. Supposons alors les termes de l'ordre primitif régulier figurés par $y+^m$, $x+^m$: la perturbation surviendra par l'apposition de — à + dans ces deux termes, d'où il viendra $y+^{m-m} = y^o$, $x+^{n-n} = x^o$. Nous donnerons à ce mode primitif d'interversion de l'ordre parfait originaire le nom de procédé par *soustraction*. Un pareil procédé peut maintenant s'aggraver, à savoir : par voie de multiplication. Portons en effet la négation avec le signe —, en manière de facteur ou de coefficient, dans les termes de la série géométrique a ou b ; nous aurons :

$$+\,a \times -\,a = -\,a^2, \quad +\,b \times -\,b = -\,b^2 ;\ \text{et,}$$

dans les deux cas, nous verrons le *négatif* élevé, de la première, à la seconde puissance. Il est vrai que $-a \times -a = +a^2$, et que de même $-b \times -b = +b^2$. Mais cette *position* élevée sur une *négation* antérieure et persistante n'est-elle point, faute de base réelle préalable, un produit formel illusoire?... N'importe donc le mode d'emploi du procédé négatif: il aboutit dans tous les cas à l'annulation, tant de la série supérieure *exponentielle* où elle débute, que de la série moyenne *géométrique* où elle se poursuit, ainsi que de la série finale *arithmétique* où elle se consomme par simple aggravation complémentaire; toute sa raison d'être ayant son siège dans les deux séries précédentes, où elle prend corps ou fond et forme tout ensemble.

15. Au lieu d'écrire tout à l'heure $y^{m-m} = y^0$, nous aurions pu substituer à cette forme la suivante qui n'en change pas la valeur $\frac{y^m}{y^m} = 1$. Pareillement, au lieu de $+a \times -a = -a^2$, nous aurions pu poser $-a \times +a = -a^2$, sans que l'inversion de signes effectuée dans le premier membre influe de nouveau le moins du monde sur la forme

ni la valeur du second. Comparant actuellement entre eux pour la forme les *premiers* membres des deux équations $\frac{y^m}{y^m} = 1$, $+ a \times - a = - a^2$, nous en voyons les termes respectifs disposés *verticalement* en numérateur et dénominateur dans la première, et *horizontalement* au contraire en multiplicande et multiplicateur dans la seconde : il y a donc là, dans un cas, *superposition* de termes, et, dans l'autre, simple *apposition*, en premier lieu ; par où l'on voit que la constitution en est, dans le premier cas, *géométrique*, et dans le second cas, *arithmétique*. L'effet de cette disposition est, en supposant le *numérateur* y^m et le *multiplicande* $+ a$ symboles de construction *régulière* ou *saine*, d'annuler l'un et l'autre, par la transformation équivalente des deux en nuls ou négatifs : le *dénominateur* y^m et le *multiplicateur* $-a$ s'y comportent donc en facteurs d'irrégularité, de détérioration organique. La même interversion d'état n'en subsisterait pas moins d'ailleurs si nous faisions les termes *numérateur* y^m et *multiplicateur* $+ a$ symboles de mal, et les termes *dénominateurs* y^m et *multiplicateur* $- a$ symboles de bien.

Par suite de l'opposition régnante alors entre *numérateur* et *dénominateur* en direction *verticale*, ou *multiplicande* et *multiplicateur* en direction *horizontale*, les valeurs de ces termes pris deux à deux s'intervertissent donc toujours, de réguliers en irréguliers, ou d'irréguliers en réguliers; mais, ce qu'il y a de particulièrement remarquable alors, c'est qu'où la *verticalité* règne, la *contrariété* des termes comparés préside à l'effet apparent d'annulation produite, quand au contraire où l'*horizontalité* règne à son tour leur *conformité* factorielle en ménage la transformation apparente. Particularisant la signification des deux formules et la limitant au cas de transformation de *mal* en *bien*, nous pouvons donc la dire un effet, là de *contrariété*, et ici de *similitude*; ce qui montre aussi valides à la fois l'une que l'autre les deux doctrines *allopathique* et *homéopathique*, tenues néanmoins universellement pour exclusivement vraies l'une ou l'autre, parce qu'on n'en sait pas discerner les deux ressorts respectifs, l'*allopathique* ayant pour unique champ d'application les séries *géométriques* de termes foncièrement *exponen-*

tiels d'ailleurs, et l'*homéopathique* s'appliquant aux seules séries *arithmétiques* de termes *géométriquement* caractérisés d'avance *formellement* ou *qualitativement*, et attendant de le devenir aussi *réellement* ou *quantitativement* quand les séries *arithmétiques* s'en dégageront ou se produiront à leur tour. A ce point de vue, tandis que les termes *exponentiellement* constitués se différencient par leur *genre* ou leur *essence*, les termes des séries *géométriques* se différencient par leur *espèce* ou *qualité*; ce qui délaisse aux termes des séries *arithmétiques* le seul mode de différenciation par *masse et volume* ou *quantité*.

D'après cela, sans renoncer en thérapeutique à l'ancien axiome *contraria contrariis curantur*, on peut et doit même sans contradiction admettre le nouveau *similia similibus curantur*; mais il faut bien toujours se garder de les croire indistinctement applicables tous deux, car ils ont chacun leur ressort spécial bien distincts, la médecine *allopathique* convenant aux seuls termes *factoriels* infestés de *potentiels* viciés, et la médecine homéopathique s'adressant aux seuls termes phy-

siquement discrets et matériellement indépen-
dants sans l'être pour cela formellement, et pouvant en conséquence subsister en simples porteurs
ou dépositaires d'une infection tirant de plus haut
son origine, en même temps qu'elle tient d'eux-
mêmes son aggravation apparente ou sensible.
Quels sont, maintenant, ces *termes factoriels*
viciés par de précédents *potentiels*, et ces autres
termes physiques pareillement viciés par de précédents *factoriels* ? En défalquant des uns et des
autres l'infection dont ils peuvent être atteints
et les prenant en leur état natif d'originaire
intégrité, nous identifierons les premiers aux
microbes principes immédiats des organismes
animaux ou végétaux, et les seconds aux *éléments
chimiques* leurs principes médiats. L'absolue
distinction de ces deux ordres de principes n'offre
d'ailleurs aucune difficulté.

Les *éléments chimiques* se signalent les premiers par une extrême simplicité de nature,
car ils sont tous sans exception doués d'une
même tendance *centripète*, qui, n'étaient leurs
autres tendances émanées des éléments vitaux
supérieurs, ne ferait, d'eux tous qu'un seul

réel, en condensant en soi toute la masse ; et par suite ils ne constituent bien en principe qu'un seul *genre* d'activité qualifiable alors de *sensible*.

Les *éléments microbiens*, quoique au moins imaginairement (sinon réellement) réductibles encore tout d'abord en un seul *genre*, ne laissent point au contraire de se traduire immédiatement en deux *espèces*, car, ayant de leur côté pour champ habituel d'exercice le plan tangentiel à toutes les *directions* propres à la tendance centripète de gravitation, ils s'y divisent incontinent en rotatoires *dextrogyres* et *lévogyres*, avec aptitude en outre à s'approprier, chacun, l'un ou l'autre des quatre modes de mouvements circulaire, elliptique, parabolique et hyperbolique, dont nous avons appris que, si le circulaire radical est nécessairement un, l'hyperbolique d'abord, et l'elliptique ainsi que le parabolique ensuite, comportent un nombre infini ou indéfini de variétés. Ces variétés, dont il serait oiseux ici de vouloir indiquer le nombre et la forme, ne laissent point,—puisque, moins elles s'écartent de leur origine, moins elles doivent être dissemblables, — de pouvoir alors se ranger en séries analogues aux deux séries *aromatique* ou *grasse* admises en chimie. En étudiant donc *empirique-ment* la classe des éléments microbiens comme en chimie l'on étudie celle des éléments physi- ques, l'on aurait la chance de découvrir enfin dans ses grandes divisions fondamentales la ma- nière dont le principe vital procède à toutes ses transformations en espace et temps. Pour cela, la physiologie, cultivée comme la chimie, demande que, après avoir dûment constaté d'abord, au moyen de l'appareil Thore, l'indépendance et l'allure binaire radicale du principe vital, on en explore ensuite pas à pas les modifications succes- sives, soit *spontanées singulières*, soit *habituelles* et *perpétuelles* ou *défaillantes*, en usant de *procédés nouveaux* dont nous n'avons pas la prétention de donner au lecteur l'idée première, mais dont nul ne peut mieux être en état d'intro- duire l'emploi que M. Thore lui-même [1]. Car, outre

[1] M. Thore a pu déjà constater la rotation *dextrogyre* en la série D de son mémoire ; infailliblement il doit alors pouvoir découvrir la rotation *lévogyre* manifestement impli- quée par la précédente, et par là même se trouver en mesure de découvrir encore les deux sortes de séries différentielles *géométriques* ou *arithmétiques* inséparables du cours pro- longé de ces deux mouvements *spéciaux*.

que la découverte de ces procédés ne nous semble pas devoir être une invention plus difficile
que celle de son appareil *rotateur*, il a déjà
prouvé, par ses travaux sur les bactéries et
bacilles ou vibrions des eaux chaudes de Dax,
son aptitude à traiter ces questions sur les sources
de la vie ; sources bien plus utiles et curieuses
d'ailleurs à connaître que celles du Nil, pour la
découverte desquelles tant d'aventureux explo-
rateurs n'ont pas craint de s'exposer à mille dan-
gers et de sacrifier jusqu'à leur existence.

FIN.

TABLE DES MATIÈRES

FIN DE LA TABLE.

Montpellier — Typogr. Charles Boehm